科学の原理と人間の原理

人間が天の火を盗んだ
——その火の近くに生命はない

高木仁三郎

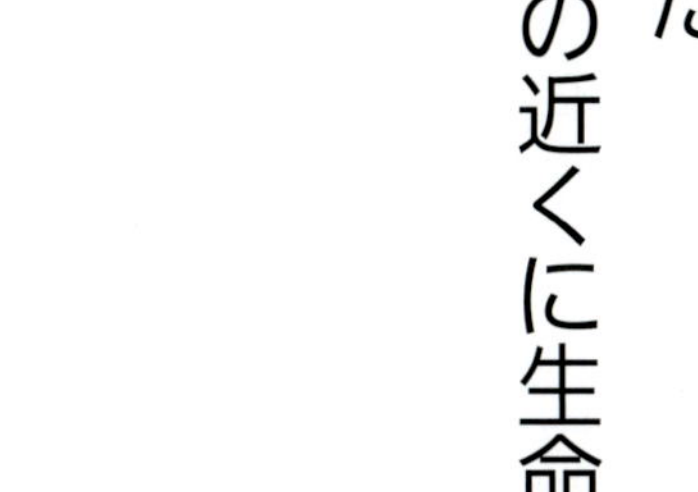

目次

まえがき

三月二十六日に、金沢教区教学研究室の幸村明室長より、原子力資料情報室宛てに、一九九一年二月二十二日に金沢教務所で行った高木仁三郎の「科学の原理と人間の原理」という講演を、普遍的な問題提起なのでいま冊子として刊行したいとの連絡をいただきました。

三月十一日に発生した大地震により福島第一原発で原発震災が進行中で対応に追われる原子力資料情報室から幸村室長よりのご依頼が私へ回送されてまいりました。

つれあいの高木仁三郎は、二〇〇〇年十月がんのため六十二歳でこの世を去りました。本人がゲラに手を入れるのがいいのですが、かないません。生前、仁三郎の講演やそのテープ起こしを手伝った私の経験が少しでもお役にたてばと、急きょテープ起こしいただいたゲラを校正させていただくことにしまし

二〇一一年四月十二日

高木久仁子

た。この講演録が一人でも多くの方に読んでいただけるよう願っています。

講演でも触れていますが、直前の一九九一年二月九日には、関西電力美浜原子力発電所二号炉で、蒸気発生器細管の破断事故、大量の一次冷却水が流出し緊急炉心冷却装置（ＥＣＣＳ）が作動したという、あわやメルトダウンの大事故でした。

三月十一日から一ヵ月たつ現在も震度六や五という強い余震がつづき、福島第一原発は予断を許さない深刻な状況です。今朝のニュースは、国際的な基準に基づく事故評価を、チェルノブイリ原発事故と同様の、最悪の「レベル七」に引き上げることに経済産業省・原子力安全保安院は決めたと報じています。

仁三郎は亡くなる直前に「友へ」と題したメッセージを残しています。
・・・原子力時代の末期症状による大事故の危険と結局は放射性廃棄物がたれ流しになっていくのではないかということに対する危惧の念は、今、先に逝ってしまう人間の心を最も悩ますものです。

後に残る人々が、歴史を見通す透徹した知力と、大胆に現実に立ち向かう活発な行動力をもって、一刻も早く原子力の時代にピリオドをつけ、その賢明な終局に英知を結集されることを願ってやみません。私は何処かで、必ず、その皆さまの活動を見守っていることでしょう。

いつまでも皆さんとともに

高木仁三郎

科学の原理と人間の原理

金沢教学研究室公開講座
一九九一年二月二十二日
高　木　仁　三　郎　氏

どうもこんばんわ。それではこれから少しお話をさせて頂きます。

科学の原理と人間の原理という題をつけさせて頂きました。

普段は原発とか核燃料サイクルとか私の専門としている分野の話なので、そちらの話は話慣れていて気は楽なのですが、背景にあるのは同じ問題ですけれども、もうちょっとその辺を少し考え方の上で整理したといいますか、科学の原理と人間の原理というテーマで話をせよということですので、しばらくお聞き下さい。

科学の論理と生きる事の原理
——科学技術の成立とその肥大化による危機

科学の原理と人間の原理という題となっておりますけれども、科学の場合は原理というよりも論理ということが貫く世界かと思います。人間の原理というのも言い方を変えますと、生きる事の原理ということかと思います。

一種対立的に二つのことを並べてみましたけども、考えてみると科学も人間が作り出したものです。

今日、科学技術と呼んでいるものは昔は科学と技術という別のものであった要素が強いのです。科学というのはものを認識するひとつの分野であって、技術というのはそれを具体的な物として物を作ったり、製作したり、利用したりする業であったわけで、それは別のものであったのですが、今は科学的な認識がそのまま技術的な成果になるというように社会そのものが仕組まれておりますし、非常に密接しております。

科学者の問題意識もストレートに技術的な利用ということを考えておりますから、科学技術という言葉が今一般化していますし、科学と技術はほとんど切り離せない一つのものになっています。

これは元をたどっていくと近代ヨーロッパというのがその原点かと思いますが、いずれにしましても元々は科学技術というのも人間の営みであったわけです。ところが、そういうふうには済まなくなってきたというのが現代の世の中であることも皆さんご承知の通りです。

元々人間の営みのごく一部、それも、人間の頭脳の活動のごく一部であった科学、ないしはそれを適用した科学技術というのが、その部分だけが異常に発達してしまって、自然なる生き物としての人間、いち生物としての人間の原理、あるいは生命の原理、生きることの原理とかなりかけ離れたところにいってしまった。しかもその前者、人間の営みの一部ではあるけれども、非常に大きく膨れ上がった科学技術というのが、一部の政治権力や資本というものによって戦争の道具に使われたり、金儲けの道具に使われたりというようなことが非常に顕著になってきたがために、それによって肥大化したという部分が否めないわけです。

今の湾岸戦争を見ていても、何と人間の作り出した物が恐ろしいものかとつくづく思われるわけですが、その部分だけが肥大化していって人間が他の自然界全体を危機におとしめるようになってしまった。

その一部としての人間、生き物としての人間そのものもおとしめるというか、危機におとしめている。

そういう意味では、人間が自分で作り出したものが自分の首をしめているという状態が、今まさに起こってきているわけです。

そういう状況の一番芯にあるものは何なのか？

一番ホットな状況は何なのかということを、私は私の関わってきた原発問題ということを中心に、しかし単に原発が怖いという話でなくて、やってみたいと思うわけです。

うまく私に能力があれば、そういう状況を踏まえた上で更に、今私たちはどうしたらいいのかということまで話が及べばと思います。

科学者としてのヒストリー

初めにお断りしておきますけども、私がこのようなことを考えるようになって、今のような存在になったというのは、あるいは原発反対運動に熱心になるようになったというのは、非常に確固とした思想的背景がまずあって、あるいはそのような教えを受けて何かの信念のもとでこういう世界に入っていったというよりは、全く個人的な体験がやむなく自分をそちらの方向に追いやったというような状況があったからです。

そのことをまずお話するのが一番わかりやすいかなと考えます。

したがって、多少、私のヒストリーということをお話することになると思います。多少私の本には書いた部分もありますので重なりますが、その点はご容赦下さい。

私は今から三十年程前ですけども、大学で原子核化学という放射能を扱う勉強を致しました。

丁度、マリー＝キュリーとか、核分裂を発見したオットー＝ハーンというドイツの人がいますけど、その人達と同じ分野の学問に当たります、核化学。広く言えば原子力の分野ですけども、その分野の中でも原子炉の設計などの工学的な分野ではなくて、むしろ燃料の中で出来てくる放射能が漏れるとか漏れないとか、それを測る技術とか、放射能がどうふるまうかという、そんなことをやる学問に関係していたものですから、大学を出てすぐ会社に入りまして、会社で放射能を扱う研究をしていたわけです。

その会社というのは今はありません。別に隠す事は何もないのでその会社の名前をちゃんと申し上げた方がいいかと思います。日本原子力事業という会社で、おそらく皆さんご存知ない方が多いと思います。昨年その会社はなくなりました。

それは日本の原子力産業がすでに縮小に入っているという一つの証拠だと思います。ちょっと見ていてえらく威勢がいいようで、能登半島の珠洲にも原発が建ちそうだと、いかにも日本の原子力産業は肥大化、膨張しているようですけども、実はもう内部ではかなり崩壊が始まっています。

日本原子力事業といっても分かりにくいかもしれませんが、東芝の原子力部門のような会社なんです。東芝が原子力に参入した時に、東芝としてやるリスクを考えて別会社を作ったのです。

私は、会社ができてから二年半ぐらいの時に入社していまして、会社が新規採用し始めてから私は二期目のごく初期にあたります。つまり原子力発電所なんて日本に一つもなかった頃です。これから日本に原子力発電を導入する時期です。「原子力船むつ」の話がすでに持ち上がっていて、私の会社も関係していましたが、原子力発電所の話はこれからという時でした。

それで、私の会社は福島の原子力発電所に関係することになるのですが、それはそれとして、そんな時代でしたから、日本に原子力発電所を導入するにあたってその基礎研究をする、まぁ良く言えば基礎研究をする。もうちょっとあからさまに言えば、日本でも原子力は安全ですよということを証明するというために日本でもそういう会社を作って色々研究していく。何かあった時のデータの裏付けをしておくというのか、悪く言えば、アリバイ作りみたいなそんな会社の研究員になったわけですね。

ですから私はその時は、原子力そのものが人間にとって悪いとか、問題があるとは一つも思ってもみなかったわけです。したがって、そういう意味でも思想的にとろかった。全く鈍い人間で、研究ということを一生懸命考えている。それだけの人間でした。

その現場で放射能と毎日格闘しておりました。

私が働いていた東芝の原子炉は、東芝が原子炉を会社の敷地の隅に作ったもので、日本で四、五番目の原子炉だったと思います。原子力研究所に二つ三つできて、そのすぐ後くらいに東芝と三菱と日立で一つずつ原子炉作りましたけれども、そのうちの一つの原子炉です。

その原子炉の脇で仕事をしておりました。半分位は東芝に出かけて行って仕事をして、半分くらいはうちの会社の原子炉の脇で仕事をしていたのです。どういう仕事をしていたかというと、これから作るべき原子力発電所で燃料を燃やすと死の灰がいっぱいできてくるわけです。こんな小さなペレットの中に何万人もの人が死んでしまうくらいの毒を持った死の灰がいっぱいたまってくる。

この死の灰は外に漏れないはずなのですが、今度の美浜の事故（一九九一．二．一一　美浜原発二号機細管破断　冷却水二十トン漏れ　ECCS作動）ではある程度漏れた・・・。時間があれば、美浜の事故の話も皆さん興味あると思いますのでやってみたいと思いますけれども。いずれにしましても、外に漏れないという事が原子力の安全の絶対的条件なわけです。そのためには五重の壁とかなんとか電力会社が言われますけど、なんかいろんな壁がしてある。

だけれどもまず、なにはともあれ燃料棒のペレットの中で燃料の粒の中で温度が上がっていった時に死の灰がどんなふうにふるまうのか、化学物質の形としてもどんな物質の形をしているのかその辺の基礎的な事というのがまだまだほとんど知られてなかった頃のことですから、それを一生懸命やったわけです。

放射能の恐ろしさに麻痺した中で研究する

そうすると、原子炉のすぐ脇のような所で仕事をしていますので、その頃に浴びた放射線はすごい量です。取り扱う放射能の量というのは、ものすごいのです。

燃料棒のペレットを丸のまま核分裂を起こさせると、ものすごく放射能が強すぎるので、もう少し小さな粒を使うのですけど、まずそれを気送管というものので原子炉の中にぶっこんでやるんです。何分なら何分、何時間なら何時間そこで放射化して、それがまた圧縮空気でポンと飛んでくるのです。

飛んできた瞬間というのは、ガイガーカウンターが振り切れちゃって鳴らないのです。

普通ガイガーカウンター当てるとガリガリガリというでしょ。それが強くなるとピーといって鳴らなくなっちゃうのです。それでレンジを切り替えて、どんどんどんどん強いレンジにしていって、また鳴らなくなってしまって、最後にはウンともスンとも言わなくなってしまうのです。もうガイガーカウンターが動かない領域に入ってしまう。

そういう動かない領域で仕事をしているとこっちも麻痺してしまうのですね。丁度ガイガーカウンターと同じように人間がなっちゃうのです。

そんなもんなんです、科学者とか技術者というのはね。機械でものを見てますから機械が動かなくなったら自分も感覚的には動かなくなってしまう。だから強い放射能でも、平気なんです。

そこで毎日毎日仕事してます。ただ強い放射能を扱っていると確かに疲れます。身体の中に吸っちゃいけない、触れてはいけないというのはわかってますから、いくらなんでも素手でやっているわけではなくて放射線用の防護服と手袋を二重位して、さらに一番強い放射線を扱う時は眼がやられやすいですから、鉛ガラスの眼鏡をかけて、重装備のマスクもします。

こんな装備をしていると、冷房を効かしている実験室でも二時間も働いていると汗が出て、それが行く所がなくて汗びっしょりになりますし、それだけでも疲れてしまいます。さらに精神的な疲れも重なります。

ですけれども、これはまたこれでプロの世界ですからこのくらいの放射能に負けてどうするみたいな変なプロ意識が出てくるわけです。

若い奴が入ってきてビビると「お前、そんなんで一人前になれないぞ」と、こう言ってからかってしまう感覚にだんだんなってくるわけですね。

こういう世界なんです。こういう世界になってしまうから問題が多いんですけど。このように、この仕事やると安全ということをなかなか考えなくなる。

卑俗な話ですが、タクシーの運転手が一番安全運転してるかというとそうではなくてタクシーの運転手が一番乱暴な運転をする。あれはどうしてかと言えば、稼がなくてはならないからいうことがあるからです。

それは我々の世界でも又同じなわけです。仕事の能率を上げようとすると、いちいちビビってられないというように麻痺してしまう。

放射能の不思議

そういうことをしていた私が、放射能が怖いという事が直接の動機で、原子力について批判的になったわけではありません。

ただ会社に四年半ぐらいいて、私がもうこの会社にどうしてもいられなくなったのは、例えば仕事をしていると色んな疑問が湧いてくるのですね。

特に放射能というのは本当にガイガーカウンターでしか見えない。目に見えないし、目に見えない微量でもやっかいなものですから、わからないことが起こった時に解決するのが非常に難しい。

非常に些細なつまらないことなのですが、例えば薬のビンとかビーカーに放射性物質を注いで蓋をしておいておくわけです。蓋の側にはどう考えても放射能がついているわけはないのですけども、次の日に行ってうっかり素手で蓋を取って仕事をして、そのあと実験室を出ようとする時に汚染されているかモニターでチェックすると、ガーと鳴るわけです。

鳴ったらめんどくさくて、皮膚についた放射能は洗ってもなかなか落ちないのです。一旦皮膚についた放射能というのは、普通の石けんで洗ったくらいではとても落ちないのです。

放射能というのは、ビンの外に回ってくるのです。そういう現象というのがあるのです。普通、ビンの内側に物を入れといたら外側に回ってくるなんてことはちょっと考えにくいことですが、放射能の種類にもよりますが、そういうことが起こるのです。

そんな事も含めて分からない事がいっぱいあるわけです。

放射能研究より会社の論理が優先され、人間が矮小化される

そこのところを、科学を志している人間ですから、どうしても色々と分からない事があればやってみたい。そういう事が分かんない限りは、とてもでないですが安全なんて保証できないと思うわけですけども、会社はそんな事やらしてくれないわけです。

会社というのは、例えば、東京電力からこういう仕事をもらって、こういうふうに何かを作る。それは何年何月何日までである。こういう予定を立てていますから、その予定に従ってしか動いてくれないわけです。その予定を延ばし

てしまう仕事を現場でやり出すと、途端に邪魔者扱いされる。で、これは科学の論理ではないんですけども、会社の論理みたいなものですけど、ある力によって自分のやってる仕事の中の都合のいい部分だけがむしり取られていくという、こういう所があるんです。

会社に都合の良いデータが出ると、これは良いデータだとすぐに採用してもらえて、すぐレポートになるのです。都合の悪いデータが出ると、それは抹殺されてしまう、ということになるわけです。

私はそこの所が耐えられなくて、嫌になってくるのです。ですから、原子力が悪いというよりは、原子力の進め方が悪いというのがまず第一だったのです。

ですけれども、その時に私がそれに対してどう勝負するというと、結局データで勝負するしかありません。

データで勝負しようとすると測定器というものが自分の勝負の道具になります。

そうすると、今度は測定器に縛り付けられてしまって、精度のいい測定器ほどいい仕事ができるという発想になってきます。

そうすると、会社であっても大学であっても、予算がないとできないということで機械の道具になってしまう。そういう流れで多くの研究者が、ものが言えなくなってしまうのです。

割合、自然科学をやっている人間、研究者の多くは、会社の上司が何か言っても直接に怖がることはありません。しかし、研究装置を奪われてしまう、研究手段を奪われてしまうことに対してものすごい恐怖感があります。これは熱心に研究したいと思えば思うほどそうなるのです。そういう部分で攻められるとみんな大抵落ちてしまう。みんな会社に忠実になってしまうのです。

私はそういう所で一年か二年くらいとくとくと考えていたんですけども、何か機械に縛り付けられてしまう中でしか研究ができないとしたら、非常に自分の人間の全体が歪んでしまう。

科学者であるより先に自分は人間であるはずなのに、科学者と言った途端に機械に縛り付けられたりデータに縛り付けられないとものが言えない。あるシステムに非常に忠実にならざるを得ない。このシステムというのは非常に人間を矮小化するという、整理して言うとそういうことです。

当時私は二十代の半ばで、大して哲学の勉強もしていませんでしたし、宗教も知りませんでしたから、そのように物事をきちっと総括していたわけではありませんが、とにかく堅苦しいのです。自分の生きる幅というのが狭まっちゃうという感じでした。

で、これはどうも嫌だなぁと思って、四年半くらい居たこの会社をを辞めまして、東京大学原子核研究所というところで原子核の基礎研究をやっていたので、私はもっと放射能の基礎的なこと、放射能の原理みたいなこと、放射能がどう動くかなど原点を知りたいと思っていたので、丁度そこでポストが空いていて公募だったのですが採用されたので移ったのです。

大学の研究所に移って、そこは基礎研究でしたからある意味では楽で、すごく救われたような気がしたわけです。

会社にいた当時は、原子力発電所の問題というのはそんなにまだ問題になってはいませんでした。

問題になってはいなかったけれども、そういう社会的な問題につながっていく問題であるという意識がいつも自分の中にあって、即反対とは思わなかったけれども、いつも自分の研究というのが、どうも自分の納得のいくように使われていないと感じていましたから、自分の中にすごくやましい気分がありました。

いつも自分との緊張関係みたいな、自分の中に二つの自分があって、その二つがいつも葛藤していましたから、大学の教員となってそういう葛藤から解放されました。

東京大学の原子核研究所という所に入った二年間ぐらいというのは、私の人生の中で楽で楽しかった時かもしれません。

そこでは非常に基礎的な研究をしました。例えば、元素はどうしてできるのか。これも放射能に関係してくるのですけども、元素というのは、大体、星の中でできるわけです。星の中で元素の合成が行われて、それが冷えたものが地球のもとになるわけです。

そういう元素がどうしてできるのかと、基礎データを採ったり、地球の歴史を調べたりすることによって見つけていきます。隕石というものを分析して調べるとか、そういう事をやっていたわけです。

この分野も放射能を使って色々調べるので、放射能に関係した学問の分野なのですが、これは原子炉のまわりに居るほど強い放射能を測るのではなく、かなり弱い放射能を測るのです。

何百年前、何千年前の放射能を岩石の中から抽出してきて、非常に感度のいい測定器で測るというような仕事です。

ですから本来的に言うと、これはあまり社会的な仕事ではなくて非常に浮世離れしたような仕事だと思っていました。

例えば、海の底へ行って泥を採ってくるのです。行ってと言っても自分が潜るわけではありませんが、船に乗って行って海の中の泥を採る機械で何千メートルとワイヤーを入れて、それを採取してきて大昔に積もった海の泥の中の放射能を分析することで、昔の宇宙からの放射線はどうだったとかを調べることで歴史がわかるというようなことをやっていました。ですから仕事で海へ行ったり、山へ行ったりしていました。

その時は、社会的な問題にそれが繋がると全然思っていませんでした。それは二十代の末頃ですが、そうやって海行ったり山行ったりして放射能を測ってみると、海、山どこへ行っても人間の作った放射能がいっぱいあるのです。

まずこれが邪魔でした。

私が測りたかったのは、何千万年前にできたような放射能ですけど、つい数年前にできた放射能がいっぱいあって、こちらの仕事をやるのに邪魔になってしょうがない。ほとんど仕事にならないのです。

海の中でも、火山活動が静かで採取に好条件の場所は、南太平洋だと言われています。日本海とか日本の側は火山活動が多いので、降り積もったといっても比較的最近に降り積もった火山灰が多く、また川から流れてきた堆積土等がいっぱい溜っていてだめなのです。

一番そういう影響がないのが南太平洋で、うまい所へ行くと降り積もる度合いが千年に一ミリとかその位だと言われているわけです。

千年に一ミリなら一メートル掘って採ってくると百万年分です。一メートルのコアサンプルを柱状に採ってくると一番下は百万年前の事がわかる、十メートル採ると一千万年前がわかるという、こういう仕組みになっているわけです。

その南太平洋へ行っても、一番上の表面の一皮というのはものすごい放射能が強い。つまり、人間が放射能という物を生み出して以降の垢というのがハッキリと残っているわけです。

つまり広島長崎以来と言いますか、直接にはビキニ環礁の核実験以来ということになります。あの太平洋地域でもアメリカ、イギリス、フランスと色んな国が核実験やってますから、それがパッと出てくるわけです。

それは理屈では知っていた事ですよ。

私はビキニ事件の時は中学生の最後くらいでした。事実としては知っていました。専門が専門ですから、私たちの先輩というのはビキニの死の灰の分析とかの専門分野ですから、私も理屈では知っていましたけれども、実際にそういうものを自分で測ってみて、それもそれを測りに行ったわけでなくて他の事をやりに行って、それが引っかかった時には相当ショックを受けました。

日本国内でも色んな所で色んな物を測ったけれども、すべての物が人工の放射能で汚れている。

勿論、それはすぐにそれによって死んでしまうという量ではありません。傍に居たからどうなるとか、すぐにどうなるとかはありません。長い目で見れば影響あるでしょうけども・・・。「それは許容量の一〇〇分の一です。」なんて言われればそれは「その通りです。」と言うしかないような量なんだけれども、しかしねぇ驚いてしまいました。

どこへ行っても汚れてるわけです。

だから人間のやっていることの業の深さというのか、なんと言ったらいいのか分かりませんけれども、何重もの驚きでした。

いっぱしの専門家ぶって、プロぶって、まだ科学者としてはほんの若い科学者ではありましたけども、でも当時までで既に結構多くの論文を書いていて、その道ではそれなりに一人前で通り出していた頃だったのです。

しかし死の灰、人間の作り出した放射能がどのくらい地球を汚しているかについて、何も知らなかったのです。

そういう自分に驚いた。自分の周りの人も何も知らない、そういう学問の分野であるということにまた驚いたのです。

そこで私はハタと考え込んでしまったのです。

それでも、その段階でもまだ考え込んだだけでした。

ただ、次の経験が決定的に自分にとっては重要だったのです。

人里での放射能の検出

それは海、山でなくて割と人里のようなところで測った時、放射能が見つかりました。

これは多くのものが米ソの核実験のものです、米ソが大変核実験やりました。その後のフランスも中国も。いわゆる大気圏内核実験の影響なのです。

それだけではなくて、当時はまだ原発はほとんど動いてない頃ですから、工場で使うアイソトープが既にその汚れの原因になっている。

いわゆるかっこ付き平和利用です。

核なんてものの平和利用は本当はないと思うのですが、かっこ付きの平和利用が既に人間にとって汚れの原因になっている事を知ったときに、非常に私はショックを受けたんです。

それもですね、本当に人が住んでる村里みたいな所。そこに魚が住んでいるような川、鳥が鳴き花が咲いているような場所、そういう生き物が生きているところで放射能を検出した事が大変私にはショックでした。

その放射能のレベルというのはハッキリ言うと大したことはないんです。私が前にお話した原子力の会社の実験室で仕事をしていた時に扱った放射能の量で言えば、その一億分の一とかその位なんです。

実験室の方はガイガーカウンターが振り切れる程の量ですから。環境で測る放射能はガイガーカウンターがガリ・・・ガリ・・・という程度の話です。

ですけれども実験室では私は鈍感で驚かなかったのに、外の環境で放射能を測定したときには身震いする程驚いた。

それが何なのかというのをずっと考えた。

実験室にいる時はやっぱり私は科学者なんですね、プロなんですね。プロの世界ではこういうこと慣れてしまうんですね。これを単に数字としか思わない。私という人間の全体として放射能を扱っているわけではないのです。

しかし、外の環境に出た放射能を測っているとそれでは済まない。

測定に行けば、そこで色んな人に世話になったりして、泊めてもらったりすれば、そこの宿の人と話したりする。

そういう人たちが住んでいるところに、例えば放射能が見つかる。その人に「放射能は大丈夫なんですか」と聞かれるわけですね。

科学者としての場を離れて、そういうみんなが生きる場で、一個の人間としての立場から放射能というのを初めてそこで見た。

その後に全然違った世界が見えてきた。今まで考えてきた放射能というイメージと全然違った物が見えてきたのです。

身震いしました。「これはちょっと違うぞ！」というか、「なんてことになったんだろう！」と思ったのです。自分の居る場所というのが何なんだろうと考えました。

私の学問というのはどちらかというと放射能をどんどん作って、これは世の中の役に立ちますよということを色々と宣伝して、使ってもらう立場です。

これは世の中の進歩だと信じて疑わなかったわけです。

その代わり、ちゃんと安全に使えるような基礎データを調べなくてはならない責任があるとは思っていましたけど。

しかし、そうやって良かれと思って作った放射能というのが、まわりまわって今自分が測っているこの環境に出てきてしまって（自分が作った同じ物かはともかくとして）、それが自分の悩みの種になっている。

これはよく考えると誰も責められないわけですよ。

直接にはこの放射能流したのはその放射能を利用した企業かもしれないけれど、その前を辿って行くと作っている者がいて、その作っている側に私がいることは確かなのです。そうするとやっぱり他者を責めるわけにはいかないと感じました。

自分のやっている科学というものの中に種子が既に仕掛けられていると。

それ以来私は、科学者としての自分と人間としての自分との葛藤というものがずっと始まるのです。

それから東京都立大学に移って四年位教職についてそのあとドイツへ留学してマックス・プランク研究所の客員研究員として宇宙のことを研究するのですが、ずっとこの問題が頭を離れなくて丸々四年位考えたんですけども、やっぱりこの問題を自分のテーマにしようと思うようになったのです。

これは、我々の学問の世界では、全くみんなから総スカン食うような話でした。

本来は宇宙の歴史を調べるというのが我々の学問の目的で、宇宙の歴史から見ればとるに足らないごく最近である広島、長崎から始まる何十年のところを問題にするというのは、私達の学問の世界から見ればバカみたいなことでした。あいつは何やっているんだということになります。

しかも、それは社会のやったことであって、自然科学の問題ではないという話になります、こちらがこれは環境の大事な問題だと言えば、あれはゴミの問題だよという話になる。いい若い前途ある研究者がゴミなんかやるのはどういうわけだという話になる。

それがまた自分の地位の問題とか研究費の問題とか色んな問題が絡んできますから、結構悩むわけですけども、それで日本に居られなくなってドイツへ留学して考えたりしたのですけど、そういうふうに物事を回避していくことが、結局この放射能汚染を生んでいくのだと思ったわけです。

科学研究者の発想

実験室の研究者の一番典型的な発想というのは、科学の側の発想というのはこういうことになるんです。

彼らが環境が汚れていて一番困ることは、材質が汚れていて測定をやる時に困るんです。

普通、感度のいい測定器を作ろうとしても測定器の材料そのものが汚れている、ということがあるんです。

また、周りに放射能がいっぱいありますし、宇宙線もありますから、測定器を遮蔽するために鉛等でかこって、その中に測定器を置きます。そうしないとノイズ（バックグラウンドという）が多くて測れないので、そうやってノイズを減らすのです。

一日一カウントぐらいでも測れる高感度の測定器を作って測らないと、宇宙の歴史を調べる事になりません。

それをやろうと思いますが、地球の表面すべて汚れてますから、きれいな材料が無いわけです。

一番困るのは鉄なんです。鉄を大量に使いますが、鉄を普通に製鉄会社から買ってくれば、八幡製鉄（現、新日鉄）から買ってきても神戸製鋼からでも日本鋼管からでも、溶鉱炉で放射能を使いますから。

これは漏れないはずになっていますが、我々の測定器で測れば必ず漏れていることが分かります。

人間の技術というのは完全なものはありえないのです。漏れないというのは、漏れる度合いが少ないという意味です。そうでしょう。原子力発電所でも放射能は漏らしていませんと言いますが、あれは漏らしている度合いが少ないというだけの話で、放射能が全く漏れない原子力発電所なんてありません。事故がなくても日常的に漏れています。感度のいい測定器を持って来れば測れてしまう。

その現状の中で科学者はきれいな材料が無いので困るわけです。研究屋の典型的な発想では、きれいな材料を求めて、一九四五年以前の鉄を使えば良いとなります。

放射能以前に製鉄された鉄というのがあるわけです。例えば、第二次大戦中に沈んだ船を引き上げてくれれば、あれは汚れていません。そうすると、そういう沈んだ船の鉄を商売にしている人がいるのです。普通の鉄より何十倍と値段が高いんですよ。確かに沈んだ船をサルベージで引き上げて、それを切って売るのですから高くなるんでしょう。

そうすると、研究屋としてはそのきれいな鉄がどうしても欲しくなるわけです。

まわりの環境がすべて汚染されている事よりも、きれいな鉄が欲しいという事に目がいくのです。

きれいな鉄を手に入れるためには予算がないといけない。予算を獲得する事に次の関心がいくわけです。

このように研究者は走ってしまうのです。

それは主体的には善意なのです。

客観的に見れば善意かどうかわかりませんけども、個人の側で見ると非常に善意なのです。そこに悪意は何もないのです。邪（よこしま）なことを考えてはいません。宇宙の歴史を知りたいという探究心なのです。

ここにいらっしゃる方はそれをおかしいと感じるでしょうが、研究者は分からなくなってしまっているのです。

人間的な全体というところでなくて動いてしまう科学者、科学というものが、現在の科学をここまで進めてきた背景にある一番大きなものだと思います。

　私も一時期そういう方向に動いたのですが、先程言いましたように、それにどうしても寝覚めが悪かったのです。

　私は当初まだ助手でしたから、教授に逆らう事をあまりしなかったのですが、そのうち逆い始めてそのあと対立になってしまいまして、その後私は非常に反乱的な人生を歩むことになります。

　それにしても、その段階でその研究を止めようとか、大学を辞めようとかは思いませんでした。

　それで、ちょっといきなりドイツへ行って考えてくると言って行ってきたんですけど、それでもどうしても寝覚めが悪くて、やっぱり放射能汚染の問題をやりたいという決断になりました。

　自分たちが作り出してきた放射能というものが、人間にとって何なのかということに責任をもたなくてはならないんだろうと。

　それは科学者として自分を自己規定する前に、まず人間としての自分という立場から出発したいというだけの話でした。それ以上の思想的背景は何もなかった。

科学者としてより人間として出発する

そこから先というのは、そうやって悩みながら作っていって、結局大学にも居られなくて辞めてしまって、ちょっと準備期間がありましたけど原子力資料情報室というのを始めたのです。その問題意識というのは私がずっと引きずってきたものですけども、やっぱり科学の論理と人間が生活する原理というものとの間には、当時はきれいに整理できていなかったけれども、厳然とした違いがある。もう実感として違いがある。

科学の方の論理だけでやっていく限り、これはどんどんどんどん人間の生きる原理からかけ離れてしまう。

例えば、私が実際に人々が生きる現場で放射能を測った時に感じた驚愕。あの驚きというか、あの感覚がなくなった世界で科学をやったら怖い。百万カウントあっても千万カウントあっても驚かなくなってしまうところでやってしまったら怖い。

これが唯一の原点です。

それで、そのあとずっとそのことを考えてきて、少し整理できるようになりました。

科学技術の歴史

人間の科学技術を整理してお話ししてみると、例えば科学技術の歴史は大きく分けると三つくらいの段階があったろうと思います。

技術というものがまだ素朴な段階で、人間が自ら手を下してある意味で自分の体を張ってやっていた段階です。

この時は、それでもいろんな問題があったでしょうけれども、それが人間の生きる事とかけ離れている事にはならなかった。

何かトラブルが起これぱそれがすぐに自分に跳ね返ってくるというようなものとして、体を張ってやった場合にはそういう試行錯誤が働いた時代です。

そういう段階から西洋の近代という段階に入ると、人の名でいうとフランシス＝ベーコンという人が典型的にその思想を体現した人でしょうけれども、実証主義の科学というんですかね。自然に対して人間が実験を施して、非常に積極的に働きかけて自然を作り変えていくと。ベーコンはわりとハッキリと科学技術によって自然を征服することが人間の究極の目標であるということを言ったわけです。

自然の中の人間という意識ではなくて、ハッキリと人間対自然という対立関係というか、人間だけが自然の支配者となっていくような、そういうことが人間にとって理想であるというようなことを考えるようになってきたわけです。

その裏付けとして一方では、十六世紀から十七世紀にかけてのデカルトが開発した数学的手法があります。

数学というのは科学の中の論理の部分だけ純粋に抽出したようなものです。数学では、実際どうなっているかという事はほとんど関係ありません。論理的に物事を詰めていくとどうなるのかというある仮定をおいてその仮定から何が導かれるかとそれだけをやるんですけども、しかし現代の自然科学、特に物理学を中心とした先端技術などをみると、基本的に数学によってほとんど決まってしまっている。数学的手法があるかないかでもう科学は決まってしまっている。

その一つが数学で、もう一つが実験という事です。

数学だけでは理論だけですから、なかなか現実に適用できない。これを実際のものに適用するには、実験というものをやってみなくちゃならない。

これを実証主義と言います。必ず自然に実際に働きかけて実験によって確認する。

そういう実際の技術の問題として産業革命以降、近代科学技術が発展してそういう段階。

この段階にすでに資本主義的生産技術と結びついて色んな弊害、公害をもたらすんですけれど、ここで止まっていれば、私はまだまだ行き過ぎに対してあと戻りとかフィードバックがやりやすかったと考えます。

そこからもう一歩越えたと思うのです。それはつい最近の事で、核ということでもう一歩越えた所です。

私は核の利用は、今までの実証的な科学の世界を越えた世界だと考えます。

少し難しい話になりすぎるので、少し具体的にお話しましょう。

核以前のものというのはどんな科学技術も自然の模倣でした。地上の自然界の模倣です。

人間は偉そうな事を言っていますが、結局色々な科学の原理というのは自然からとるわけです。

例えば、飛行機にしても鳥を真似したものです。

どんなに今の飛行機がすばらしい強い技術を手に入れても、鳥のようにあれだけ少ないエネルギーであれだけ自在に方向転換し、滑走路もほとんど無しで飛び立つ技術は人間は持っていません。

鳥よりもっと感心するのは蚊みたいなものです。あんなに小さな体にどうして飛ぶだけのエネルギーが潜んでいるかと思います。あんな技術とても人間は真似できません。あんなもの作ろうとしても作れません。

それを非常にぶきっちょに真似をしてるのがあの大型のジャンボ飛行機だと思います。燃料の油もいっぱい積んで燃やさなければ飛べません。

これらの科学技術は基本的に自然の真似だと思うんです。

人間が天の火を盗んだ。その火の近くに生命はない

核というのも、ある意味では自然の真似なんです。ですけれども、ここに決

定的に違う事がある。

西洋の故事に、プロメテウスが太陽から火を盗んできたという話があります。これが非常にゼウスの怒りに触れてプロメテウスは罰を受けるわけですが、あれが非常に象徴的な事だという気がするんです。

天の火を盗んだというわけですけれども、まさに原子力というのは天の火を盗んだものだと思うんですね。地上の火ではない。

星が光っているというのは、原子核反応によって光っているわけです。

太陽が光っているのは、水素が燃えて水素爆弾と同じような原理ですけども、要するに核反応です。だから太陽に行けば放射線がうじゃうじゃしてます。熱によっても死んじゃうでしょうが、放射線によっても誰も近寄れないわけですね。

つまり、光っている星には絶対生命はない。その近いところにも生命はない。

今、人間の技術がこれだけ進んで相当遠くまで見えるようになりました。何億光年、何十億光年というところに、どんな星が並んでいるかということまで今はわかる。

にもかかわらず、生命体があるらしい星というのはまだ一つも見つけてないわけです。

それほどに生命体のある星というのは少ない。どっかにあるでしょ、恐らく。しかし、それはおよそ交信ができない範囲でないかという気がしますねぇ。それが例えば、何十億光年離れていると交信してもしょうがないわけですね。(笑)こっちが何か信号送って届くまでに何億年かかるわけです。それを受け取って向こうから返ってくるまでに何億年かかる。つまり十億年くらいかかるわけですから、我々が今一つ信号送ったりすると十億年先の人類が返事を受け取る事になるわけです。しかし、これだけバカなことをやっていると十億年先まで人類は生きてないと思いますけれども。

だからそういう意味ではおおよそ宇宙に生命はいないと思います。

それくらい地球というのは特殊な条件なんですね。

どうしてこれだけ特殊な条件かというと、放射線に対して守られているというのが非常に大きいと思うんです。

もう一つ水が存在したからという点も指摘されます。水も放射線を防ぐことに関係してきますが、いずれにしても放射線に対して守られているということが大きいと思います。

で、それはなぜかという話はここではしませんが、大気があることとか磁場が働いている事、太陽からの距離とかさまざまな要因がありますが、かろうじて放射線に対して守られていたということです。

さらに、この地球も誕生したての頃は放射線が非常に強かったわけです。ですから生命は住めなかったのです。

地球が大体今のような形をとったのが、四十六億年前とされています。それも多少不確かなところありますけれども、そういう学問も一時やっていたと先程お話ししましたように、色々とそういうことは調べているのですが、大体四十六億年前と考えられますけれども、四十六億年前あるいはその元になった原始太陽系ができたのが五十億年前くらい。そういう状況では、今よりもっともっと放射能が強かったんです。

元々星の屑みたいなものを集めて太陽系ができて地球はできたというふうに考えられますけども、その星の屑みたいなものというのは放射能がいっぱいあったものの屑ですから、非常にまだ放射能的に言うと熱かったんですね。

それが四十六億年かけて冷めてきて、ようやく人間が、生き物が住めるくらいまで放射能が減ったから住む事ができるようになった。そういう事が非常に大きな理由なんですね。

つまりそういうふうに、せっかく地球上の自然の条件ができたところに、天上の火、核というものを盗んできてわざわざもう一度放射能を作ったというのが「原子力」です。ですから求めて非常に余分な事をしたと思います。

天の火を盗んだ事に対してゼウスが罰を加えたというのは非常に象徴的な故事のような気がします。

やっぱりこれは天の火であって、作るべきではなかったんだと思います。

これに足を踏み入れた瞬間に、科学技術というのは新しい段階に入っている。今までは単純に地上にある自然の模倣であった。今度は地上の自然の模倣ではなくて、天上のものを模倣するようになった。

地上の生命には、地上の生命の原理がある。

本日のテーマであるところの地上の生命の原理があり、地上の生き方の原理がある。その原理と全く異質なものを、人間の頭脳の発達によって天上から盗むことができるようになった。

これが広島、長崎の悲劇、それからそれ以降我々を悩ます原子力問題という形でつながってきているわけです。

地上の生命の原理に許される科学技術と許されざる科学技術

この辺を考えていくと、これは後半のテーマになりますけども、人間には地上の人間の原理の中で許されるべき科学技術とそうでないものとかあるということを我々はちゃんと知る必要があるのではないか。これは原子力だけではないと思います。

例えば今、バイオテクノロジーということで遺伝子を相当いじり出しました。それから医学というのが相当進んできて、人間の臓器というのを他の人の臓器（それは死んだ人かもしれないが）に置き換える事がかなり出来るようになりました。それもまだ相当無理があるようですが。

それから死というものについても脳幹の死だけで人間の死を認めてしまう。それはまた臓器移植と結びついてきますが、そういう色んな事が起こってきた状況です。

これは明らかに今までの人間の自然な死とか自然な生命と違う原理を持ち込

んでいると思います、私は。

　この辺は後半からのテーマのひとつになって、非常に難しいところで、皆さんと一緒に考えなければいけないところですが、西洋の科学技術の伝統、私自身がこの中で教えを受け、学び育ってきた伝統の中では、人間というのは基本的に頭脳なんです。

　科学技術というのは本当に頭の中だけで膨らんだものです。自然な生き物としての人間の全体ということを決して問題にしない。非常に頭脳だけで肥大したような。ですから脳が死ぬか生きるかということで人間の生死を判定するという事もそこから出てきます。

　よく我々の仲間内でする話で、いろいろと臓器を取り替える事ができるようになった今、手が悪いとなれば手を取り替える事ができるようになるでしょう。これは簡単でしょう。足も、臓器も、取り替える事ができるようになるかもしれない。全部取り替えて、その人は同じ人間なのかという問題にぶつかるわけです。

西洋的な考えでいくと脳だけ元の人の脳だったらあとはどこを取り替えても元の人ですよとなる。

「果たして本当にそうだろうか。」ということを考えると、どうも腑に落ちない。

人間のごく一部である脳だけがAという人で、他の臓器が全部Bという人であった場合、この人はAという人だとどこから言えるのかというのは、ちょっとSFじみていますけれども、そういう事を専門にやっている人から言わせるとそんなことは簡単に実現する。そこまでもうすぐ行くと言っているのですから技術というのは、そういうふうにかなりとんでもない所に行ってしまっているんです。

で、それに対して人間の側がほとんど追いつけていない。この状況を認識出来ていないという事があるような気がします。

その辺を少し原子力の問題にそって問題を整理してそれからじゃあどんな方向を考えたらいいのかという話を少し後半でしてみたいと思います。

この辺で一回ちょっと小休止をしたいと思いますのでよろしく。

生命の世界は核の安定の上に成立する

それでは再開させて頂きます。

先程、科学の論理と人間の原理とがずいぶん違うというところに来ているというお話を少ししたのですけども、その辺の話をもう一回整理してみたいと思います。

少し自然科学的なものの整理の仕方を最初はしてみたいと思うんです。自然科学の立場からの。

そうするとこういう事がまず言えると思うんです。その私達が生きている地上の生命の世界というのは、核の安定の上に成り立っている世界です。言ってみれば、化学の変化の世界です。

人間の体の機能というのは基本的にこういう要素に還元をして良いかどうかわかりませんが、自然科学的な言葉を使って言うと化学変化の世界です。色んなエネルギーを出すというのも、人間の体の中でものが燃えるとか酸化するとか、こういうのはみな化学変化でやっているわけですし、それから遺伝子なんていうのもDNAという化学物質で化学変化の世界です。

核の変化というのは一切関係してこない。原子の外側の話であって原子の内側まで関係してくる話ではない。これを核の安定という。

核そのものが安定しているという事が生命の基本的な基盤です。平たい言葉で言うと、原子の安定と言っていいかもしれない。

ところが原子力というのは、まさに核の安定を崩す事によってエネルギーを取り出す技術です。核の安定を崩さない限り原子力は成り立たない。私はここに一切の原子力の問題があると思います。

弁が開くとか開かないとかいう問題は派生的に出てきますが、それが本当の問題ではない。制御棒が降りる降りないとか工学的にいうと色々問題出てきますけれども、基本的な問題はそこにあって技術を改良すればどうにかなるという問題ではないのです。

私は、今はまだ安全が確立しないからダメという議論はとらない。原理的に人間の生きる原理と相容れない、その点が一番大きいのです。

核の火は消せない火

核の火というのはそういう意味で消せない火と私はよく言います。

原子力発電所を運転する、停止する、これは制御棒の動作とかいろんな技術的な動作によって行う事ができます。しかし原子力発電所を止めたところで原子の火は消えたわけではない。

だから問題が大きいわけです。

燃料棒の中に死の灰がいっぱい残る。死の灰というのはまだ熱を発生し続けているのです。

美浜の事故でも、原子炉は十三時四十分三十九秒に停止しましたが、止まったから危機は去ったかというと、そうではなくてそのあとで一次冷却材漏れがあったから、ＥＣＣＳ（緊急炉心冷却装置）をぶち込んでやらなくてはならなかった。

これは急場の火消しの水です。そういうものを入れなくてはならなかった。ということはまだ炉心にいっぱい熱がたまっているからです。炉心になぜ熱がたまっているかというと死の灰が熱を発生し続けているからです。原子炉の運転は止まっても熱を発生し続けている。つまり火が完全に消えてないということです。

ここが基本的な問題で、この死の灰の熱というのは少しずつは減っていきますけれども相当長期間ずーっと残るわけです。死の灰という言葉は、私はいつも言うんですが、死の灰というイメージは半分は当たっているけれども半分間違っている。死をもたらす恐ろしいものという意味では確かに死の灰です。

しかし、これは本当の意味で灰ではないのです。灰というと冷えているものというイメージがあるのですけども冷えてはいないのです。死の灰は原子炉が止まっても水が抜けて空焚きのままだとメルトダウン（炉心溶融）してしまうわけですから、ものすごい発熱量を持っているんです。私は灰ではなくて熾（おき）であると言っています。

原子力発電所の運転を止めた段階で燃え盛る火は消えたかもしれないけれども、まだ赤々とした熾が残っている。こういう状態を考えてもらえばいいんです。

チェルノブイリのドキュメントのフィルム、何種類かありますが、それらを見た方があると思いますが、炉心が赤々とまだ燃えていた姿を見た方も多いと思います。決死的なカメラワークですけども。

それはどういうことかというと、あれはやっぱり熾なんですね。

あれだけ破壊されても原子炉そのものは止まっているんです。にも関わらず赤々している。あれが熾なんです。ああいう状態なんですね。その火はどうやって消えていくかというと放射能というのは半減期を持っています。その寿命に沿ってしか消えてくれない。これは長いものは何十万年、何百万年という半減期です。何百万年と消えない。

少なくとも人間が消そうと思って消えるものではないのです。水をかければ消えるとか化学消火剤で消えるとか中和で消すとか、これらでは消えません。消せない火です。

私自身も原子力開発の初期に参加してきましたし、私達の科学の現場の問題意識というのは、とにかく、より強くより早くより大きいものを作っていくという所にありますから、原子力発電所、今大型の発電所を作ってその中で原子の火を燃やす事については相当進歩したんです。確かに。今度柏崎の新しい原発は一三五・六万kWというような大きな原子炉を作って、そこで原子の火を燃やす事ができるようになった。火を燃やすことはうまくなったけれども消すことに関しては全くうまくなっていないのです。何の進歩もない。

これはどこまでいっても半面の技術でしかない。人間がこれをコントロールしたことにならないのはその点にあるわけです。

人間がある技術をマスターし、エネルギーをコントロールするためには、好きな時に着けて好きな時に消す事ができるものでなければいけないはずですね。しかし原子の火というのは好きな時に消す事ができないわけです。消えてない証拠は放射線を出している事です。

あれは余分なエネルギーを放射線という形で出しているからで、消えていないから出るのです。

一種の熱だと思ってもらえばいいのです。くすぶっている状態です。完全に消えてない。ですからチェルノブイリで世界中に例えばセシウムがばらまかれて食品が大変に汚染した。

それはどういう事かと言うと、汚染した食品の中でまだ消えていない火がくすぶっているということです。それが人間の体に入ってくるとはどういう事かと言うと、その消えてない火が人間の体の中でくすぶっているということです。人間の体に良いわけはない。

この社会の無責任さ

このまだくすぶっているどうしようもないものをやり場がなくて、全部青森県六ヶ所村に持って行ってしまおうという話になっています。私は六ヶ所村の計画というのが一番今の我々の社会の無責任さを典型的に表わしているものだという気がして、このことを止める事に私の生涯を捧げたいと分厚い本を一冊書いたのです。そこにある本です。それは私のここ何年かのすべてを捧げたものですけども。

これは先程からの問題意識と関係あって、私は放射能を作る側に回ってやってきた人間ですから、こういう人間にとってはこれが乱暴に捨てられる、消せない火を作ってしまったこの自分の行為の結末が、六ヶ所村という一地域の過疎であるが故に、それをお金でもって受け入れてしまった人達の上に矛盾を押しつけるという形で進行しているのが忍びないわけです。

自分の気持ちの中で。何とかこれを止める事。止めても放射能の行き先で良い所というのはないのです。しかし乱暴なこの計画を止める事を自分の人生の後始末にしませんと、自分が核化学という学問を選んだことについて自分で責任を取り切れてないと思わざるを得ない。それくらいに消せない火であることから生ずる矛盾が解決できないのです。

ここのところが、核の原理と人間及び他の生命の生きる原理が一番根本的に違うところだと思います。

核が要請するスピード

それから、そこから派生すると言えるかもしれませんが、核が要請するスピードと人間が普通にもっているスピード感は全然違うのです。人間の普通の判断力とか敏捷性などと全然違うスピードです。これが又非常に深刻な問題です。

これが人間に対して色々なストレスになってくる。核の世界でいえばコンマ何秒、それ以下を争う勝負です。一秒判断が遅れたら本当にダメだという場合だってあるわけです。

ですが、人間はそんなふうにできているものではありません。いくら人間の技術が上がったからといって核のスピードには追いつけません。

例えば映画はどうやって撮っているのかといえば、ご存知でしょうが、コマ切れの少しずつ動いていくコマを連続的に回す事によって実際に動いているように見えてしまう錯覚を利用しています。

人間の目が誤魔化されているのです。人間の目がもっと早い反応を持っていたら今くらいの映画の回転速度だったら別々のコマに見えるでしょう。そういうことが起こらないのは、人間は今くらいの映写機のスピードについていけないからです。映画はそれでいいわけです。

それでは困るのは原子力の世界です。

今回美浜の事故があった時に、一時間前からさまざまな予兆があったのではないか。後でチャートを見て分析すると少しずつ放射能が上がっていたのです。ですが、当時の中央制御室でその判断がつかなかったので事故に至りました。

確かに現場の慣れがあってちょっとした計器の変化に反応しないという日常的な問題があったりして、現場の運転員を批判する事もできますけども、十分間とか二十分間というくらいの時間幅でも人間はなかなか判断が下せないのです。そういう面もあるんです。

必ずしも現場の人だけを責めるのは事故原因の的を外しています。人間なんてそんなもんなのです。一気に一〇〇倍も上がれば驚くかもしれませんが十%、二十%、三十%上がっただけではまだ人間はぐずぐず考えちゃうのです。ましてやその人間にとって初めての経験であれば、考え、躊躇してしまう。

私はあの事に関しては運転員を責めるよりも人間というのはそんなものであるにも関わらず、そうでないことを要求される現場にいなくてはならない矛盾の大きさ。そのことをつくづく考えるわけです。

人間の誤りを許さない原発

この問題は第三番目の問題につながってきますが、速さの問題と同時に、誤りが許されない世界であるということが大変大きいわけです。

現代は非常に巨大事故の起こる時代となって『巨大事故の時代』という本の中に書きましたが、今のような巨大なシステムの中では、誤りが本当に許されない世界になってきています。

フェールセール、フールプルーフというシステムがあって、ちょっとくらいの誤りがあったら機械が止まるようになっています。それから、人間がミスをしても必ず機械がカバーしてくれるようになってると、こういうふうに一応教科書では言われていて、安全審査ではそういう設計になっていますという話になってるわけです。
しかし実際の色んな事故のケースを見てみると、そういうフェールセールはすべてのケースに働いているわけではありません。人間が突拍子もないことをやったらまずダメなのです。カバーしてくれる範囲はある限られた範囲のみです。

事故には色んなタイプがあるという分析を拙著『巨大事故の時代』の中でやったのですが、一番最近私が気になるのは将棋倒し型の事故です。

ちょっと小さな事が起こると、例えば弁がちょっと故障するとか、ピンホールのような穴があく。その時に中央制御室に運転員が居て、何もない時にはほとんどやることがありません。だからある意味で鼻歌まじりなわけです。トランプやっているという話があったり、アメリカの原発では運転員が居眠りしていた時に事故が起こって後で罰金を取られましたが、そういう事だってあるのです。

何もなければ機械は自動的に動いていて、退屈至極なわけです。それが毎日です。その時に何か異常が起こる。そうすると慌ててしまうし、対応できないわけです。いつもは車の運転よりもっと気楽にやってると思います。車の運転の方が緊張してやっていると思います。原発は普段は完全に自動で動いてます。そこで何か起こるからいきなり人間が対応せざるを得ない。そうすると人間は慌てるわけです。人間がミスをやってしまう。②というスイッチを入れなくてはいけないところ③のスイッチを押してしまう。

機械の方はそれに反応してしまう。又次に違う事態が起こってそれに又人間が影響を受けるといった人間と機械の将棋倒しが起こるわけです。どんどんエスカレートしていく。ほんのちょっとした事と思われたことが、すごく大きな事になっていく。

アメリカのスリーマイル事故などは典型的にこれです。一つ一つみれば大したことないのです。この事故で色々教訓はありましたが、機械のどこが悪いというよりも、運転員の訓練が悪かったとか機械と人間の連絡が悪かったという話になってしまいました。それで制御室の設計を変えてみるとかボタンの位置を変えてみるとかしましたが、それで片付く問題ではありません。極端に言えば、その日の運転員の気分によってもずいぶん変わってしまうのです。

ですから、アメリカの原発には精神科医や心理学者が居て運転員の精神状態をチェックしています。

日本ではそこまでやっていません。そのかわり日本人は採用する前に身上調査をやるわけです。思想調査とかもやるでしょう。アメリカは割とそんな事は雑にやって、運転員が制御室で麻薬を使って問題になることが多いようです。その代わり精神科医がついているわけです。

とにかく間違いのないようにというわけですが、これはある意味非常に恐ろしい世界です。人間を機械にしちゃう発想です。人間の論理と機械の論理との間の矛盾というのを、人間を機械の方に寄せることによってカバーしようとする。そういう世界。それがどうもうまくいかないから、やっぱり事故を起こします。チェルノブイリだって色々設計ミスとか人為ミスとか言われますが、そういうことを含めて人間が絡むところには事故は必ず起きます。設計ミスでもそうなんです。人間が設計する段階で既に「うっかり」とか「想定しない」というような人間くさい要素が入ってしまうのです。

そういう誤りが許されない世界に入っていくという事が怖い。

しかし間違う事が人間的だということがありますから、私なんかつくづく実感としてあります。放射能をやっていて大きな事故を起こした経験はありませんが、実験室で小さな事故や汚染は結構起こします。

放射能を専門的に扱っている人間で汚染事故を全く起こした事のない人はいないと思います。放射能を入れて処理していて、気づいた時に放射能が全部飛んでいたという事はよくあることです。(笑) 私のいた実験室でもちょっとした爆発事故起こしてしまったりとか、部屋中ウランで汚してしまったりとか、そんな経験は結構ありました。

そういうトラブルがあるのが人間なんです。プロだからといっても無いというわけにはいきません。それで、トラブルがあっても済むような技術といいますか、その方がマシな技術だと思うのです。今トラブルが許されないような技術というのはひどい技術です。

大きすぎて実験が出来ない科学技術

試行錯誤という事がありますけども、そういう意味ではこれが第四番目の問題に入っていきますが、原子力が大きすぎることによって実験が出来なくなってしまっている。実験が出来ないということがすごく大きいんです。科学の第二期が実験によって進歩したと申しましたが、今の第三期の科学というのは実験ができない領域に入っている。

今回、美浜原発事故でECCSが作動しました。

あれはECCS（緊急炉心冷却装置）の実験をやったようなものです。今回はうまく働きました。あれで本当に成功したかどうか、炉に損傷も与えなかったか分かりませんが、一応成功しました。

だけど世界的にECCSが働いたのは十数例です。そのうち一回はうまく入らずスリーマイル事故になりました。最初からECCSが入る余地のなかった事故はチェルノブイリです。

ECCSが入った時に働くかどうかはほとんど実例がなくて、実験例はあるかというと実験はやりようがありません。

今やっている実験といえば商業用原子炉内では七〇〇〜八〇〇体ある燃料集合体の炉心を模擬するのに、燃料集合体二体から四体ぐらいを電気ヒーターで実験するわけです。実際に核分裂起こさせるではなくて、ただ加熱してみて、水を入れてみて、細管破断させてみて、ECCS入れてみて、うまく入る入らないという程度の実験なんです。

規模が何百分の一と違いますから、この小型モデルが実際に模擬になっているのか全然わからないのです。水流などもずいぶん違います。

それでも小型のモデルではきちっとうまくいっているかというと、そうでもない。なかなかうまくいかない。実験とコンピューターの計算となかなか合わないですし、計算通り冷えてくれないという事があります。細管破断やってECCSを入れると、炉心を冷やさないうちにECCSの水が穴から全部抜けてしまうということがあります。

ですから事故というのは、今、実際の商業運転やっている実炉で実験をやっているようなものです。判らないところをコンピューター計算でカバーしています。しかしコンピューターでカバーできるのかというとなかなかそうはいかない。スリーマイル原発事故が一番いい例です。

あの事故があった後で、あの原子炉内の実際がコンピューターでなかなか再現できない。スリーマイルはチェルノブイリ程の破壊事故でなかったですからチャートは全部あるのです。圧力はどう変化したとか、温度計は一部壊れましたが基本的なデータは制御室に残っていたのです。そのデータを入れて事故をコンピューターで再現してみたら、できないわけです。再現するのに大型のコンピューターをフルに回して三ヶ月くらいかかりました。それで一応の答えが出てきて炉心は溶けていないという結論だった。

ところが何年もかかって実際の蓋をあけてみたら七〇%溶けていた。人間の知恵なんてその程度のものなので、科学技術もその程度のものです。それが万能であるかの如くに思っているところに、人間のおごり、たかぶりがあると思います。

実験ができないことが怖いことです。

これから人間というのは、まだ先に行くと思います。このまま放っておけば人間の知恵というのはまだまだ先に行くけれども、その時、こういう弱さがカバーできるのではなくて、こういう弱さはもっと大きな傷口をあけて残ってくる。

先に行くのは半分の面だけです。つまり火を着けるという方向ではいくらでも先に行くと思いますけれども、それが人間にどういう影響を与えるのか、社会にどういう影響与えるのか、どういう傷を与えるのかに関してはそれを有効に評価するとか、守る手段が何にもない。そっちの方には知恵は少しも働かないままに進んでいく。

人間だけでなく、自然界にとっても非常に迷惑なものになってきています。今の湾岸戦争見ていてもつくづくそう思います。フセインが悪いのかブッシュがどうなのかという話はありますけれども、人間の仲間内ではそういう議論ができても、砂漠やペルシャ湾に住んでる生物にとってはフセインでもブッシュでもどうでもよくていい加減にしてくれという話だと思います。そういう視点をこれから人間は持っていかなくてはいけません。そういう所は見捨てられて、先端ハイテク技術がいかに破壊的かということを湾岸戦争が示したのです。

私は湾岸戦争を見ていて、科学技術が進んだ事によって本当は人間は戦争なんてできない所に来ていると思うのです。今回の戦争はそのくらい傷を地球全体に残すと思います。

科学技術のもたらすものは、地球規模的にまで来ているのに、それを扱っている人間は全然そのことを自覚していない。技術の力を試すように最新兵器を使っているでしょ。トマホークだパトリオットだ、スカッドミサイルだ劣化ウラン弾だ。そこのところが何とも情けない。恐ろしい。

放射能の時間の長さ

もう一つ言えることは、先程放射能の速さという話をしましたが、次に放射能の時間の長さという話をしますと、放射能の持続する時間というのは何万年何十万年何百万年というものがあります。

一番長いものは何十億年というものがあるのですが、一番毒性が強くやっかいなもので問題になるのはネプツニウム237という放射能です。これはウランからできるもので原子炉の中でどうしても出来てしまうのですが、この半減期が二一〇万年くらいです。つまり二一〇万年経って半分になるのです。この毒性が非常に強い。

ペレット一個燃やすと皆さんの一家の一年間分の電気を作る熱を出します。これが原子力の魅力と言われる点ですが、生命とか人間とかの側からするとその有効性より、その生み出す死の灰がどれだけ命に影響を与えるかという事で物事を見なくてはなりません。そうすると例えばペレット一個の死の灰は五万人の致死量に当たります。それをゴミという観点から見ると大変無駄な大変恐るべきことをやっている。一軒分の一年間の電気の為に。

それが直ちに五万人の死に繋がるということではないにしても、五万人を殺せる物質を作り出してしまっている。その一部には半減期二一〇万年のネプツニウムがかなり大きな成分としてあって、何百万年も残ってしまう。

ペレットの中に残る毒というのは、百万年くらい経つと大体青酸カリと同じくらいになります。だからなんと言いましょうか、青酸カリというのは化学物質的な毒です。地上的な毒なんです。地上的な毒になるのに百万年くらいかかる。それが核の毒なんです。

人間の一生の七十年とか八十年という長さからすると限りなく長い。無限に長いというような長さを待たなくては地上世界の物にならないような毒なのです。

核の世界が閉じられずに日常のすぐ隣に存在する

今、五点について挙げました。核の不安定と、核の要求する速さと、実験が出来ないということと、誤りが許されないということと、時間が長過ぎるという事。これらはすべて、人間が普通に生き、生活する論理と原子力との間の矛盾なのです。

これがもし、全然別の世界のこととして存在しているのでしたら、私はそれでいいわけです。しかし原発というのはまさにそれが具体的な存在としてある地域の日常のすぐ隣に存在しているわけです。

その炉心で起こっていることは全く核的なことです。

原子力発電の建屋の中にもそれを運転し制御するために人間である運転員がいる。さらに蒸気で回すタービンは古典的な機械です。核なら核だけで閉じないわけです。核の論理が閉じてくればまだいいのですが、閉じないで接点に人間が居たり、一番末端には雑巾で床掃除している渡り鳥労働者と呼ばれる人が居るのです。

核といえば、近代的でものすごい技術で装備されているかと思えば、そうではなく汚染水などを雑巾で拭かなくてはならない作業が入っています。その外側には住民が住んでいるわけです。

核が核だけで閉じてくれなくて、非常に奇妙に人間を接近させざるを得ない。人間の方はおおよそ核とは相容れないような生命をもち、時間の感覚をもつ、そういう存在ですから、そこのところの矛盾がどうしてもしんどいのです。

それを私はずっと核の現場を歩いてきてそこの所が一番耐えられなかった。私にとっては、放射能が怖いという動機よりもそちらの方が強いです。

自分が人間として生きようとした時に、どうしてもこの技術とは相容れないと感じたということです。

それでどうするのかということですが、よくわかりませんが原発には反対していくし、核のゴミを乱暴に捨てさせない為に私ができることはやっていきたいと思いますが、私の営みとしては科学を学んできて放射化学をやってきた事の責任をどうとるかという問題です。

要するに、大学や企業の中にいて、その中でプロとしてやろうとすると、世界が急に狭くなって見えるものが見えなくなってしまう。実際に人間が生きる場、生活する場に降りる、降りるという言葉は良くないかもしれない。生きる場まで行ってその中の一人として、核の問題を自分のもってきた専門ということで生かして逆の側から見ていく時にどういう世界が見えてくるかということをどこまできちんとした作業を自分の問題としてできるかということです。

人間としての論理でなく別の論理がまかり通る
——合理性の強制

わざわざ大学を飛び出て私の問題として十五年間やってきたのは、人間という立場から科学をやりたいということです。それは私が核をやってきた特殊な専門家だから取り組むべき事なのかと言うとそうではありません。皆さんも皆さんなりに同じような問題に別の領域かもしれませんがぶつかっていると思うのです。今の社会が仕組まれている社会の論理構造と言うか・・・・。

〈テープチェンジ〉

・・・のためにお金が要る。だからやっぱり原子力をやらなくてはならないとか、本当に人間としての生き物としての論理でなくてそうでない論理がまかり通ってきている。その流れに人間としての原点からどこまで抵抗していけるのか。それは全く皆が共通する問題ではないかという気がするのです。人間とは何かという問題は、科学をやってきた私にとっては難しいことは言えませんが、私のような経験をしてきたものがあえて言えば、人間というのは非常にぼんやりした生き物だと思うのです。合理性で割り切り、数字に還元できるという生き物ではない。私は合理性の強制という言葉を使いますが、原子力をやらされると合理性で割り切らざるを得なくなるのです。そして原子力に反対しようとすると、いっぱしの専門的な議論を身につけてここはこうだと言わなくてはならなくなる。

公開ヒアリングだ何だと。そこで論理で勝たないとダメとなってくる。本当はそんなものでないはずです。本当にもっと素朴な感情から、私はこう生きたい、嫌なものは嫌で本当はいいはずです。だけどそうはいかない。

特に私のような仕事をやっているとそれでは済みませんから、数式を使ったりして反対をせざるを得なくなります。

合理性の強制というのは、いつの間にか自分も合理主義的な形で考え、生きていかなければならないとなってしまっていることです。
その合理性の強制というのはものすごい強い気がします。

間違いを犯すことが許されなくなっている

それから、間違いを犯すことがどんどんどんどん許されなくなっている。その幅がなくなってきている点です。

今、教育もそういう教育になってきている。個性を伸ばすというよりなるべく間違いを少なくするというか、平均点的な人間を作る。鋳型にはめるというか、これは思想統制ということもありますが、先程言ったように科学技術からの要請というのが潜在的に相当あると思います。

企業がそういう人間を要求しているので、それに合わせて教育が変わったのでしょう。

先の見えないことを分からずやる

それから今先が見えないことをやらざるを得ない。先にどういう影響が起こるか・・・。

人間というのは、科学的にいうと先が見えないものです。人間の知性では十年先二十年先は見とおせません。

今、二十世紀末で二十一世紀を予測するのが流行しています。私にもそういう注文がきますが、大抵断ります。そんなものできない。

人間の知恵はそんな先に及ばないのです、科学技術に関しては。一寸先が見えません。そういう生き物ではないのです。もっと違うところに人間の本質がある。

それでいて人間というのはぼんやりしてダメで、先も見通せないからダメなのかと言うと、そうでもないと思うのです。

もっと別のところ、科学的論理という世界ではないところ、そうではないところですごく広い世界に繋がっている。ある想像力を働かせる事によってすごく先の事まで繋がって考える事ができるところも持っていると思います。生命というものの観点ですごく大きなものに繋がっていると思います。

自分の生命は自分だけのものでなく世代を越えたもの

今、韓国でキム＝ジハ（金芝河）を中心にハンサルリムという運動が流行っています。

これは東学の思想の延長上にあると思いますが、私もキム＝ジハと交流があって影響を受けるところがあるのですが、彼の思想は宇宙は人間であり、人間は宇宙であると。宇宙の中の一個の存在として人間が今この瞬間の人間を生きている。

この生命は個としての生命であると同時に宇宙の長い歴史の中の一通過点と

しての自分を生きているのであって自分より前もあったし後もある。「私は単なる個として生きているのではない。と同時に自分の中に宇宙のすべてがある。」と彼は言うのです。

で、ちょっと難しいところもありますが私はかなり本質をついている気がするんです。自分の生命というのは自分だけのものでなくかなり世代を超えたものだという気がします。

私より死とか生命について日常的に感じ考えておられる学んでおられる方の前でこんなこと言うのは非常に恐縮なのですが、自然科学を学んできたものが考えていることの一つとして聞いてもらえばいいのです。

突出の科学から共生の科学へ

例えば、今までの科学は突出することを目的とした科学。突出の科学と言っていますが、とにかくより強くより早くより大きくという突出することを目的とする。

その為に自然界の中で人間だけが突出してしまった。そのことが人間自身を苦しめている。人間の中でも、科学技術を享受する人間と享受しない人間の差別も作ってきた。

で、この科学に対して人間の原理の優位をということを私は言ってきた。そこの所をよほど皆がちゃんと考えていかないとダメになる。

科学は人間が作り出してきたものだから人間が制御できると考えるのは非常に楽観主義的すぎると思います。同時に科学そのものも、あくまで人間の下位にある科学としてのものですけども、科学そのものも変わる余地がまだまだある。突出の科学ではなく共生の科学という、生命と共にある科学という方向にどこまで行けるかということは少しずつ始まっていますが、期待しています。

その場合に、私はこういう技術が望ましいということもありますけども、そういう技術の問題ではなくて大事なのは先程言いましたが、自分の生命自分の営みを単に自分だけの問題として考えるのでないような次元で科学を考えていけないだろうかと常々思っています。

死せる者の声、声を発せられない生命の声をどれだけ自分の声として発せられるか

例えば、私自身を突き動かしている衝動の一つの中に死者の・・・、私の場合は核の被害者の声をどれだけ自分の声にできるかという意識があります。ですから私はこの頃死者と共に生きるという生意気なことを言うのです。それは核をやってきた人間にとって広島、長崎の被害で死んだ人達はまだ死にきれなくてその者がこだましているような気がするのです。

その声をどれだけ自分の声として発言できるのか。もうちょっと今のことで言えば湾岸戦争で原油まみれになった海鵜、ペルシャ鵜の写真がよく写ってま

すが、しかしあれは声を発する事ができない。あの声をどれだけ自分の声として発せられるか、人間はそういう責任を背負っていると思うのです。そういう死せる者、声を発せられないものの声をどこまで発せられるのか、それは又未来の世代に繋がってくる。

今未来の世代には我々は大変なものを残そうとしていますが、その未来の世代の声を今どうやって私達が発せられるのか。これは世代を超えた共生。死者との共生。未来との共生です。

最近、自然との共生は盛んに言われるようになってきましたが、それは私も言ってきた事ですが、そういう時間の流れ、宇宙的な広がりの中での共生、そういう概念の中で科学的な営みがどこまでできるのかというのが問われている。そういうところをやっていけたらなと、コツコツと本当に自分でできることは限られていますがやっているのが私の現状であります。

どこまで普遍的な一般性のある問題を抽出できたか判りませんが、少なくとも私自身がこんなふうに考えていてこんなふうに生きているというレベルでのお話としては話すべきことは話したようです。

時間超過してしまって申し訳ありません。ご静聴ありがとうございました。

質疑応答

Q.1　我々は既に原子力発電所を受け入れてしまった。そこで生じた死の灰を六ヶ所村に持っていくことに反対すると、使用済燃料棒はどこに持って行ったらいいのでしょうか？

A.　一番厳しいことを言えば、作った原発で引き受けざるを得ないと思います。それがしょうがないですけども原則だと思います。原子力発電所を受け入れるということは、その廃棄物も含んでいると考えないといけないと思います。他にいい案がないでしょ。原発は受け入れたけど使用済燃料棒はどっか行ってくれと言うのは色んな意味で矛盾が大きいですし、使用済燃料棒を移動させること自体に危険がともなうから難しいです。ある人は電力の消費量に応じて核のゴミを各都道府県に振り分けたら良いと言われますが、道義的には妙に当っている所もあるのですが、当っているようでそれはおかしいと思います。

Q.2　核の火が消せないことは、原子力発電が民営化された時点から既に分かっていたことですか？

A.　いや、異常に楽観的だったと思いますね。一つは軍事的な開発の中で生まれてきましたから、それがその後どうなるとは考える余裕もなかったし、考えもしなかった。これは人を傷つけるものとして生まれてきましたから、安全ということはほとんど考えてなかったのです。それから我々が始めた頃は、いわゆるかっこ付き平和利用ですから、安全ということもある程度考えなくてはいけないとやり始めましたけれども、その頃には技術でなんとかなる、毒性を消せるのではないかという考えでした。しかし、そのあとやった試みはすべて失敗しました。核を生み出すまでの科学の歴史は、意外なことが次々とわかってきて、その勢いでいけば、今度は一旦作った放射能を放射能でないものまで変えてしまうまで技術が進むのではないか、そういう期待があったと思うのです。けれどもその方法は無かったのです。それはほとんどハッキリしてしまった。

Q.3 共生の科学技術のイメージはありますか?

A. 近ごろファジーとかが流行していて、今までより人間の機微をとらえたものだと言われますが、そうは思いません。技術の問題になってしまうと本質から外れてしまうような気がします。

科学技術の担い手が限られた専門家でやるようなものはダメだろうと思います。開かれた皆んなが担い手であるような科学がどう実現するか。宮沢賢治の作品の中にはそんなイメージがあるのですが、それが追求されないで終わっている。

今、私がやっております原子力資料情報室はいわゆる専門家を集めてやらなくていいと、ごく普通の生活感覚を持った人が、ここで勉強してやれることがいっぱいあると主張してやってきています。まだ私達のやってきたことは本当にわずかですが、今日皆さんに買ってもらった『食卓に上がった死の灰』を書いた渡辺さんと共著になっていますが、彼女は専門家ではありません。彼女は子供がいて、食品汚染に非常に興味持つようになって、どうしてもその仕事がやりたいと来て、じゃあと始まったのです。そういう感性と意欲がある人を大切にしたい。彼女は今では、日本の食品汚染の問題では詳しい方の一人になっています。彼女には専門家意識もありませんし、だからそのように感覚でやれる科学を積み重ねていくことによって、生きる側の感覚をもったものがそこから生まれてくる可能性はあると少なくとも思っています。

ですからうちの資料室の原則は男女半数ずつです。今まで科学というとほとんど男性がやるものだったという事があるのです。学会へ行ってみると今でも九割五分位男性です。それは今の社会の構成からしても異常なことです。そういう所から生まれてくるものは恐ろしい。そうでない普通の生活感覚をもったものを作りたいのです。これが一つです。あとは科学の中身の中でも、環境とか自然とか時間を考えることが増えてきていますが、私が当面大切だと思うことは、科学の開発をやる側と同等な比重で、科学の開発の弊害を評価する人間を養成すること。こういう学科が日本の大学の中に一つもないのです。開発の側にいる人間はいっぱいいるのです。科学のプラス面は否定しませんが、半分はマイナス面なのです。ポジの部分だけやって、ネガの部分を研究する学問も発達していないし、そういう人間もいない。うちなど細々とやっていますが、これを発達させることがまず必要です。

Q.4　今、原発に関わっている科学技術者の中で先生がおっしゃっているような生活の中からの感覚を大事にするような動きはあるのですか?

A．ありますよ。昔よりずいぶん増えてきてます。僕がそういうことを言い出した頃は、回り見ても誰も居ないという感じでしたが、今はそういうことを考える人がいて、国立の研究所にもそれなりに居るのです。皆んな同じように考えているわけではありませんが、それぞれの流儀で考えている人はけっこう多くて、原子力企業に居てそういうことを考えている人はそれなりに居るのです。ただ日本の企業社会の中では声に出して言えないし、行動に移せないということが多いのです。我々にデータを教えてくれたり、協力してくれたりする人はいるんですが、それがなかなか声にならないから全然見えてないということが残念ながら多いのです。僕だったら企業の中でもやっちゃうんだけどなあと思うのですが、そういうことを皆に要求するのは無理ですし、確かに現実に首がかかってるということがあるわけです。首より命の方が大切だろうと言いたくなるんだけども、けっこうそういう人から電話なんかきますよ。たとえば今度の事故があったり、チェルノブイリの後などずいぶん電話来ましたよ。昔一緒にやってた連中多いですから、つくづく嫌になったとか、ただじゃあそれで辞めたかというとほんの何人かが辞めただけです。断固として信念をもってやっている人間は半数いないと思います。二十〜三十パーセントではないですか。

Q.5 科学の認識で分からないことだってあるはずなのに、その信念はどうして成り立つのでしょう。

A. いつかはなんとかなると思っているんですよね。それを実験室の中に閉じこもっていると生きてる者としての感覚失ってますから、放射能あっても恐いと思わない。都合の悪いところあってもいずれ直るという技術至上論です。それは二十％くらいでしょう。五十％はあきらめです。あきらめてる。今さら何かやっても何にもならないよ。体制は大きいし、政権政党は強いし、世の中変わるわけではないし、オレは金はないし、妻子はいるし、あきらめです。これ笑ってられなくて割と多くの人が、自分が言ってもどうしようもないという感じで黙っている。原発が良いと思っている人は少ないけれどもどうしようもない。それだったら目の前にぶら下がっている交付金でがまんするさというのは一種のあきらめだと思います。実はあきらめが今の世の中を支配していると思います。

本当に未来に希望もっていたらもっとみんな生き生きと頑張りますよ。電力会社の社員も原発の人でも私の知っている限り生き生きと頑張ってる感じがないですよ。

皆、定年を待ってますよ。退職勧告を喜んで受けて、これでやっと原子力から離れられるみたいなね。つまり自分の居る間に大事故でも起こしたら大変なわけです。そのプレッシャーというのはものすごくあってそれが怖くて辞めた人間もいます。そういう人達は積極的にやっているわけではないわけです。諦めながらやっているのです。それもまた怖いのですよ。そういう人が制御室にいると。ある意味では投げやりになっていますから、事故を起こす可能性が高い、原子力全体がそんな所あるわけです。六ヶ所の計画もあれはかなり投げやりな計画です。緻密に立てた計画ではありません。

残りの人が疑問もっていて、しかし、日本の企業型社会の中では臆病といいますか言えない人達です。会社の中で抵抗している人達はいます。反対ではないけれども、普通は一ヶ月かけるところを二ヶ月かけるとか、基準を厳しくしろとかという形で抵抗している人はいます。しかし二・三年そういう抵抗していると大抵干されて、窓際族になってしまう。

僕は会社に居た頃、一つの研究会みたいのを若手で組織してリーダーシップをとっていましたが、そのメンバーは今大体冷や飯食ってます。辞めちゃった人も居ますが。重要なポストには誰も居ません。そういうふうに日本の社会ではなってしまいます。

Q.6 その人たちをバックアップできませんか?

A. どういうふうにバックアップできますかねぇ?なかなか難しいですよ、それは。

だから今、原子力安全委員長とか、何とか原子力委員会の幹部とか、今回の美浜原発事故特別委員会の人は東大の現役を退いた名誉教授クラスが多いのですが、いわゆるボスですが、ボスがなぜボスになったかといえば、すごい若い段階で批判的な人間は切られていきますし、隅においやられていきますから、(私みたいに自分から抜け出す人もいますが、) イエスばっかり言ってきた人間だけが中心に残ってきます。それが学会のボスになるわけですから、本当に実力がある人を権威というわけではありません。正直な話、こう言いますとおかしいけれども、私の同級生の人で会社でも幹部の人はいます。大学なら教授になっています。調査委員会に入るようになっています。ですが、そういう人が私と同期だった時代に冴えていて有能であって、権威になるような感じがあったかというと全然そうじゃない。イエスマンだっただけです。科学者としてはそれ程能力があったとは思えません。なんだオマエこんなこと知らないのとよくからかっていた人達が今、権威と称されているわけです。あまりそんなこと言いたくありませんが。(笑) 権威は作られていくわけです。早いうちに批判をもてばもつ程、権威も何もないことになります。普通に考えられている程、優秀な連中が確信をもって原子力の中心にいるということではない。

Q.7　美浜の事故で、漏れた放射能の量というのは、判るものでしょうか?

A.　ちゃんとしたことをやればある程度の推定はできると思いますが、今やっている推定はめちゃくちゃウソです。ごく初期段階のモニターの測定値をものすごい荒い換算をして漏れた量に直しているのですが、初期段階だけでなくて、その後まで放射能は漏れ続けていたという状況証拠があります。これはいずれ国会等々で明らかにできると思っていますが、今のところ電力会社は隠しています。今、断定的にものを言いたくありませんが、いずれ明らかになります。

断定的には言えませんが、あと十倍は高いでしょう。一〇〇倍かもしれません。それは向こう側がちゃんとデータを出してくればある程度わかります。どんなモニターで何分間かといったことがわかればわかります。今の発表段階でも放射能の放出量の推定は少なすぎると思いますが・・・。非常に多くのことが隠されていると思っています。

美浜の事故は判っただけでもギロチン破断という大変な事故で当初考えていた以上に深刻な事故だと思いますけれども、まだまだ隠されていることが相当多いと思います。それはこれから我々の追求で明らかにしていかなければいけません。電力会社はウソばっかりですね。最初から全部出さないで、福井県職員から言われて加圧式のがし弁が開かなかった事も認め、一つと言っていた弁も二つとも開いていなかったことを又後から認めるとか、まだまだ色々とあると思います。放射能についてが一番多いと思います。

Q.8　データを全部提出される権限はどこにありますか？

A.　今だと国しかありません。県にはありません。安全協定にはそこまでの調査権はないのです。

Q.9　国会で議員が出せと言えばいかがですか？

A.　国会の調査権でやるしかないのですが、先方は事故調を公表しないと言っているのです。なぜ公開しないのかと言えば、事故調を公開すると事故調内の自由な議論が妨げられるからとこう言っているわけです。（笑）皆さんはこの論法が理解できますか？（笑）つまりすべてのデータが出てくれば私達も議論ができるわけです。そしたら事故調作っている意味がなくなる。事故調は閉じられた場でお偉い先生方が作る場なんです。それなのに外部がデータをもっていて雑音入れたら自由な議論が妨げられるからデータ公開しませんと、こんな事が平気でまかり通ってしまうわけです。国会でやっても質問時間切れとかで終わってしまって通ってしまうわけです。情けないけどそこへ行くと政治の問題になってしまって政治の力で押し切られちゃう。そうなんです、事故調に出されるデータが公開されれば事故調がするよりよっぽどマシな議論できますから。事故調というのは秘密にしないと事故調らしくならないというバカみたいなことがあるわけです。それが科学の名においてやられていることは情けない事です。

Q.10　原発に関心があって、電力会社に色々と質問をするのですが、その受け答えからすると、電力会社は原発をやりたくてやっている感じがしないのです。それなのになぜブレーキがかからないのでしょうか？

A.　今は少なくともそんなに積極的ではないと思います。問題は山積みです。特に廃棄物問題を抱えていてあんまり儲からないのです。事故が起これぱまた特に儲からない。そんなにやる気がない。誰がやる気になっているかというと政府とメーカーです。政府の後にいるのはメーカーです。メーカーは商売になるわけですよ。東芝、日立、三菱重工といった所は原子炉作れば商売になるし、廃棄物もまた商売になるのです。今原子力は二兆円、三兆円とかの産業規模ですが、それだけの商売になるわけです。だからエネルギー問題でもなんでもなくて商売です。産業対策みたいなもんです。

Q.11　原発を止めると失業者が出て自殺者が出る。だから止めるわけにいかないという声にどう答えますか？

A.　原発に投入するだけの金があるなら他の産業起こす事はいっぱいできます。湾岸戦争でイラクの原子炉が爆破されて放射汚染の問題が出てきて、心配しているのですが、その事があって、米誌『タイム』を買って見てましたら、シーメンスというドイツの原子炉作っている会社のCMが乗っていました。武器も作ったりしてますから、日本でいえば三菱重工ですかね。それが一面広告を出していて、それがソーラーパネルの宣伝なんです。これからはソーラーですよとシーメンスはこう言っているわけです。(笑) 面白かったのは、ソーラーの方が労働力も多く吸収できますと言っているのです。確かです。原子力はそんなに労働力はいらないのです。さらに面白かったのは、シーメンスは世界一の太陽電池工場を西ドイツのパッカーズドルフに作っていますと書いてあった事です。実は、この場所は核廃棄物の再処理工場を断念して潰した所です。その事は書いてありませんが、読む人が読めばわかるのです。

そういう時代ですから、失業問題をもってきて、原発維持推進をやめないのは議論のすり替えで、社会正義もあったものではありません。それでは、どんな悪い仕事も止められなくなります。

Q.12 日本で行き詰まった原子力産業は、中国、東南アジアに輸出しようとしていると聞きますが。

A. それほど実績上げていませんが、一生懸命売り込もうとしてますね。

Q.13 各国で原発を建てようという動きはまだあるのですか?

A. 原発建てるには大きなお金がかかります。ODA(政府開発援助)とか輸銀とかの資金と結びつけば建てられます。そういう典型的な構造があって、政府の名の下にお金を出して、企業が儲けて、向こうに原発だけが残ることになる。第三世界がなぜ今、原発欲しがるかというと、核兵器を作りたいという意図があるからです。インドネシアに日本の原発相当売り込んでいて、もしかしたら建つのでないかと言われています。インドネシアは石油も天然ガスもあるので、インドネシア自身のエネルギー需給としてはいらないはずです。ではなぜ原発欲しがるかというと、あそこも軍事独裁政権ですから、核兵器をほしいというのが大きいのです。イラクも中東諸国も原発欲しがっている国はたくさんあります。石油はいっぱいある国ですからエネルギー問題ではないのです。武装の問題です。

Q.14 中国に日本の原発が入っていると聞きますが。

A. 中国に一番入っているのはフランス、イギリスです。三番目くらいに日本が入ってます。伝統的なコネやパイプはヨーロッパの方が強いのです。日本も売り込もうとしていますが、しかし、日本市場は飽和状態ですから今後外国への売り込みは激しくなるかもしれません。

編集後記

金沢教学研究室修了生の会　中村清淳

この講演当日、一九九一年二月二十二日の金沢はかなりの大雪だった。絶え間なく鳴り響く雷はまるで、講演内容の深刻さを物語るバックミュージックのようであった。

私はかなり以前より高木仁三郎先生を、その著作などを通して存じ上げていた。ある時、テレビの報道番組（確か久米宏氏か筑紫哲也氏がキャスターを務めていた番組）で先生のお姿やお話ぶりを拝見した。香り高い知性と、時々はにかまれるその表情に触れ、ますます〝この先生は信頼できる！〟と感じたものだ。

そんな折、浄土真宗の金沢教学研究室の初代室長　また私にとって大変恩の深い師である平野修氏より、高木先生を公開講座の講師としてお招きすることを聞き、耳を疑うほどに驚き、期待に胸高まったものだった。

その平野氏は、大乗仏教の愛情と智慧をもって現代社会の病根をとらえようとされていた。質疑応答の中のQ.2とQ.3は平野氏の発せられたもので、氏の問題意識の深さ・鋭さの一端を改めて垣間見る思いがする。

この講演が今回出版されるに至ったいきさつは、まずは、幸村明氏（現金沢教学研究室室長）が当時のテープを保管しておられたこと。そして、三月十一日からの福島第一原発事故の惨状を見る中、この問題がいったいどこからきているのか、高木先生の警告をもう一度聞き直すことが、今後の私達の歩みの目足になると確信して、テープ起こし・出版を呼びかけられたことによる。私自身、今回編集させて頂いて「消せない天の火を盗んだのである」という高木先生の指摘に目がハッキリ開いた感がある。是非、多くの方々にご一読頂きたい。菅首相を始め、地元保守系の国会議員、真宗大谷派の宗務総長等にも謹呈したいと考えている。

この危機的状況の中にあって尚、ややもすると私達は、投げやりで全体の流れに身を任せる生き方に埋没しがちだ。ここで是非とも、高木先生の命をかけて伝えたかったメッセージにしっかりと耳傾け、そのことを受け止め、決してあきらめに支配された生き方にとどまらずに自分自身とこの世を変えていく、ほんの少しの勇気と智慧と謙虚さを取り戻したいと思う。

〈見えない〉四つのもの

つい先日、「未来のエネルギーシンポジウム」（中心課題は〝原発をどうするのか〟／金沢市民主催）に参加した。パネラーの保守系の国会議員がどのような発言をされるか興味があった。その方の念頭にあったのは、エネルギー問題を国家安全保障と一体として考えていく事であった。つまり、戦争になった時にどうエネルギーを確保できるかの観点を外さずエネルギー施策をしていくということである。また、政治家としての責任については、東京電力を独占企業として電気を一手に任せた事にあるとも言われた。ならば、その有事を前提とする施策方針と、東電の独占を間違いとする反省に立って、送電線の国有化を打ち出すべきだ。そして原発以外の小規模水力発電などを奨励し、誰でもが発電し売電出来るようにすればよい。戦時下（あってはならないことだが）において原発を狙われる危惧がなくなるばかりか、発電箇所が小規模ずつに分散されていることにより、電力を一事故や一故障により一時に大量に失なう心配もなくなるではないか。

また、五月五日付け朝日新聞には「原子力守る政策会議発足　自民　原発推進派はや始動」という記事が載った。その関連記事で、東電の元副社長であり元参議院議員である　とある人物が、東電の賠償の免責を主張し、加えて〝低線量の放射能は体に良い〟とまで発言している。この議員や先のシンポジウムでの保守系議員らの発言の背景に〈見えない〉ながらも存在しているものは、ある種の政治家や行政官にとって、原発という巨大プラントがよほど美味しい蜜なのだという事実である。

次に、〈見えない〉が実在する放射能は、〈違った意味で見えない〉国境線をやすやすと越えて拡散している。国境線はその国の人々が助け合うために仮りに設けられているものでないだろうか。国境線の絶対性は地球規模の課題に向き合う時、ずいぶん陳腐なものになる。（つまり国境線は「ある」のに見えないのではなく、本来「無い」ために見えないのだ。）

最後にもう一つ、内部被曝も〈見えない〉ものだ。現在の技術では、その人がどのくらい内部被曝しているかよく測定できないし、その影響が、十年後二十年後どう出るのか誰にも見えない。テレビでは、〝今すぐ影響が出る数字ではありません〟から、〝風評〟に惑わされてはいけません。〝基準値以下の物はどんどん食べて復興を助けましょう〟と言っている。しかし残念ながら、その放射能値が基準値以下でも検出されているなら、食べない方が良いに決まっている。まさに、高木先生がおっしゃるように、光っている星（放射能の存在を意味する）の近くには生命はいないし、地球の創成期にも生命はなかった。現在の自然界からや宇宙からの放射線に上乗せして体内には取り込まないに限る。放射能と生命は共存できないのだ。

上記四つの〈見えない〉ものは、見えぬが故に混乱をもたらす。しかし、高木先生の言われる「人間や生命の原理」にもとづく選択を、キッパリと表現し生きていきたい。それが必要な時代となったのである。

さらにさらに震災から二ヶ月経って、原子力安全委員会は全く無能だったことが明らかになり、一号機も直後に炉心溶融していたことが判明した。

震災直後から胸をふさぎ、目の前を暗くしていた最悪のシナリオが、現実のものとして長きに渡って始まった。

ここで、前出の平野修氏の遺訓を思い起こす。

仏の本願は、まさにそれを飲む人に生命をよみがえらす清らかでふくよかな泉のようなものである。

変身して釈迦のようになって助かるのでなく（本願第十九）、すべてをゆだねて弥陀に吸い込まれて助かるのでなく（本願第二十）、独立者になることを導く（本願第十八）。

この遺訓を受け、今後の日本や地球の行く末に責任を感じ、あきらめず、わが人生のご縁を尽くしてゆきたいと感じている。

末尾となったが、高木先生の奥様には出版を快諾頂き、すばらしい「まえがき」をお寄せ頂いた。深くお礼を申し上げる。

＊本書は二〇一一年、真宗大谷派金沢教学研究室修了生の会から刊行された高木仁三郎著『科学の原理と人間の原理　人間が天の火を盗んだ――その火の近くに生命はない』を底本とし、著作権継承者の諒解を得て新装版として刊行したものである。なお、講演録のため本文中に冗漫な文章等が見受けられるが、これは講演の臨場感を出すために敢えてそのままとした（編集部）。

◆著者略歴

高木仁三郎（たかぎ　じんざぶろう）

1938（昭和12）年群馬県前橋市生まれ。61年東京大学理学部卒業。その後、日本原子力事業、東京大学原子核研究所、東京都立大学、マックス・プランク核物理研究所などを経て、75年原子力資料情報室の設立に参加し、86年より98年まで同代表。この間、プルトニウム利用問題の批判的研究と活動で国際的に高い評価を得る。97年ライト・ライブリフッド賞ほか多数の賞を受賞。原子力時代の末期症状による大事故の危険性と放射性廃棄物がたれ流しになっていくことに対する危惧の念を“最後のメッセージ”に残し、2000（平成12）年10月没。

主要な著書に、『プルトニウムの恐怖』（岩波新書、1981年）、『市民科学者として生きる』（99年、同）、『原発事故はなぜくりかえすのか』（2000年、同）、『高木仁三郎著作集』全12巻（七つ森書館、01〜04年）、『いま自然をどうみるか（新装版）』（白水社、11年）ほか多数。

科学の原理と人間の原理

人間が天の火を盗んだ—その火の近くに生命はない（新装版）

2012年３月26日　　初版第１刷発行

著　者／高木仁三郎
発行者／光本　稔
発　行／株式会社方丈堂出版
本　社／〒601-1422 京都市伏見区日野不動講町３８－２５
電話　075-572-7508　　FAX　075-571-4373
東京支社／〒112-0002 東京都文京区小石川２－２３－１２
エスティビル小石川４Ｆ
電話　03-5842-5196　　FAX　03-5842-5197
発　売／株式会社オクターブ
〒112-0002 東京都文京区小石川２－２３－１２
エスティビル小石川４Ｆ
電話　03-3815-8312　　FAX 03-5842-5197
印刷・製本／堀岡製本印刷(有)

ISBN 978-4-89231-092-8 C1000